[法]克拉拉·科尔曼 著/绘　苏靓 徐强 译

虫儿飞

指尖上的昆虫博物馆

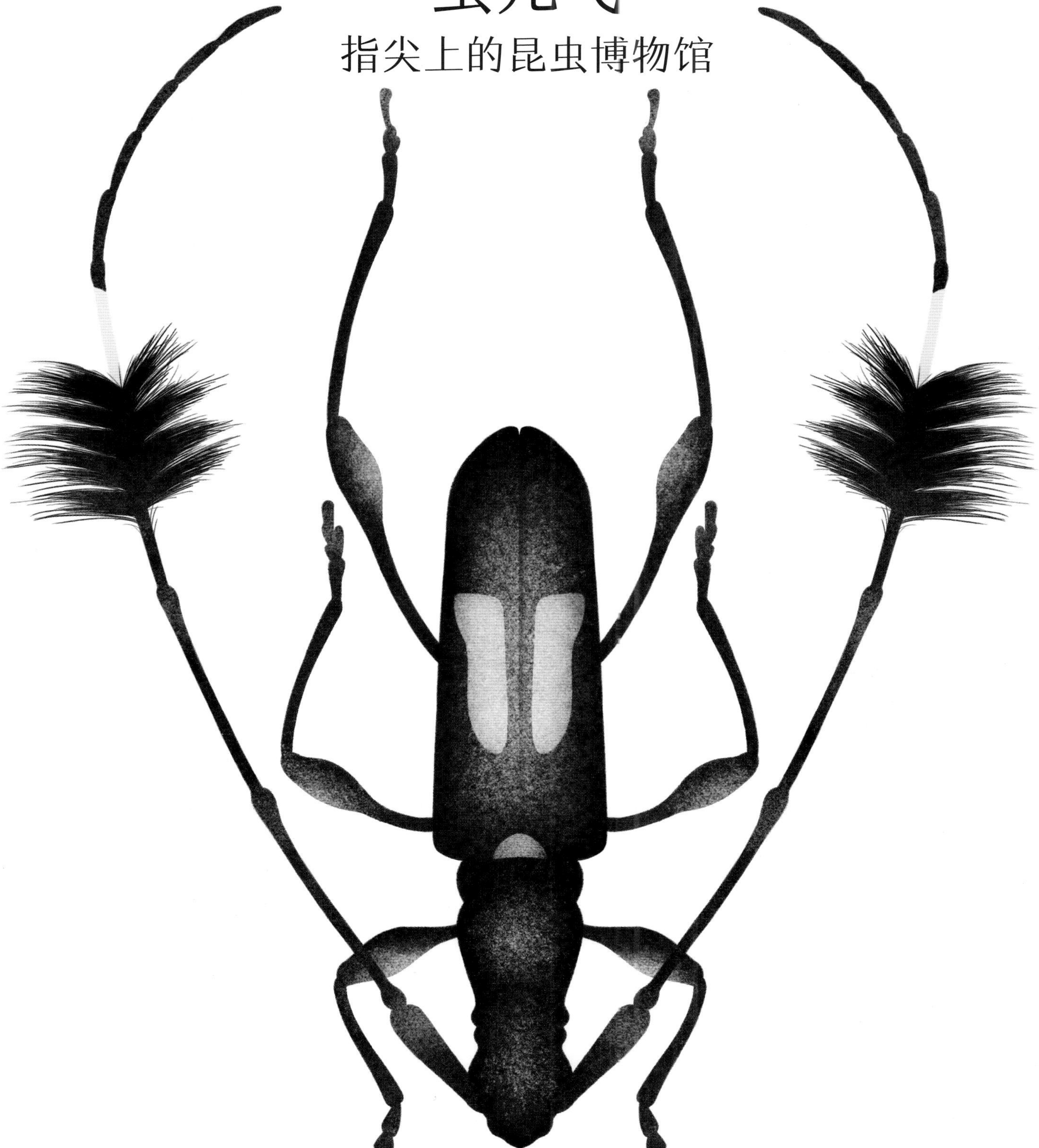

海豚出版社
DOLPHIN BOOKS
CICG 中国国际传播集团

昆虫是世界上数量最多、多样性最丰富的生物类群。它们有时令人深深着迷——美丽的形态和色彩、古怪的习性、奇妙的变态发育过程，甚至会吐丝酿蜜；有时则令人心生畏惧——我们害怕昆虫的叮咬，担忧它们可能会造成破坏、传播疾病。不管怎样，昆虫在生态系统中扮演着至关重要的角色：它们为花朵授粉，回收腐烂的动植物残

体,同时还是许多鸟类必不可少的盘中餐;以蚂蚁和白蚁为代表的类群还能组建自己的社会。每一种昆虫都在纷繁的大自然中扮演着独特的角色,而人类却在不断摧残昆虫世界,威胁着日趋脆弱的生态平衡。

塞德里克·奥迪贝尔 法国里昂汇流博物馆 动物学藏品保护研究中心负责人

目录

6-7 | *展厅 1*
蜻蜓目
豆娘、蜻蜓

豆娘的体形普遍比蜻蜓小，停歇时两对翅竖立在背上，
而蜻蜓的四翅则平展于身体两侧。

8-9 | *展厅 2*
脉翅目
草蛉、蚁蛉、蝶角蛉、螳蛉、褐蛉……

脉翅目昆虫大都不善飞行，
它们有两对看起来一模一样的翅，停歇时呈屋脊状置于背上。

10-11 | *展厅 3*
直翅目
螽斯、蝗虫、蟋蟀

螽斯与蟋蟀可以通过翅来分辨：
螽斯的翅大多呈屋脊状置于背上，蟋蟀的翅则平铺在后背。

12-13 | *展厅 4*
蜚蠊目
蟑螂

它们大多只有指甲盖大小，但最大的体长可达9厘米。
有些蟑螂长有两对翅，起飞速度很快。

14-15 | *展厅 5*
䗛目
䗛（竹节虫）

这些昆虫看起来很像植物，其中一些形似树枝的叫杆䗛，
另外还有像叶子的叶䗛、像荆棘的棘䗛和像树皮的瘤䗛等等。

16-17 | *展厅 6*
螳螂目
螳螂

螳螂头上长有五只眼睛，其中一对特别大的为复眼，
可以看向四面八方，甚至能够发现20米以外的猎物！

18-19 | *展厅 7*
鳞翅目
蝶

鳞翅目昆虫的发育会经历卵、幼虫、蛹和成虫4个阶段。
雄蝶的色彩通常比雌蝶更加艳丽。

20-21 | *展厅 8*
鳞翅目
蛾

蛾类停歇时翅一般向两侧摊平或呈屋脊状置于背上。
它们的触角因种而异，有羽状、栉状和丝状等。

22-23 | 展厅 9

鳞翅目
毛虫

毛虫身体前部有三对足，腹部还有一些伪足（腹足），
这些像吸盘一样的肉质突起可以帮助它们爬行。

24-25 | 展厅 10

双翅目
蚊、蝇、虻、蚋……

双翅目仅有一对翅，口器呈管状。
蝇类的口器可以舐吸液体，雄蚊用这种口器可以吮食花蜜。

26-27 | 展厅 11

半翅目
蝉、叶蝉、蚜虫、蚧壳虫……

有前翅的成员具有一个共同的特征：
前翅从基部到端部质地相同，
或为革质，或为膜质。停歇时，它们的翅会呈屋脊状置于背上。

28-29 | 展厅 12

半翅目
蝽、蝎蝽、红蝽……

异翅亚目昆虫的一大特征是具有气味腺。
在遇到威胁时气味腺会释放出一种物质，
该物质的气味能够驱赶捕食者。

30-31 | 展厅 13

膜翅目
蜜蜂、胡蜂、蚁……

大多数种类是寄生于其他生物的寄生昆虫，
往往体形很小，鲜为人知。

32-33 | 展厅 14

鞘翅目
金龟、瓢虫、锹甲、叶甲、
象甲、天牛、萤火虫……

甲虫的食性非常广泛，有肉食性、植食性、滤食性、腐食性，
甚至粪食性等等。

34-35 | 展厅 15

鞘翅目
金龟、瓢虫、锹甲、叶甲、
象甲、天牛、萤火虫……

鞘翅目和许多其他昆虫一样有两对翅，
但较大的前翅却并非用于飞行。
这对非常坚硬的鞘翅是它们用来保护身体的"铠甲"。

展厅 1

① 猩红小蜻 Nannophya pygmaea ② 紫褐蜻 Trithemis annulata ③ 焰色蜻 Libellula saturata ④ 绿斑蜻 Pseudagrion microcephalum ⑤ 兰氏脉蜻 Neurothemis ramburii ⑥ 华丽色蟌 Calopteryx splendens ⑦ 乌木色蟌 Calopteryx maculata ⑧ 黑丽翅蜻 Rhyothemis fuliginosa ⑨ 三角丽翅蜻 Rhyothemis triangularis ⑩ 十二斑蜻 Libellula pulchella ⑪ 锥腹蜻 Acisoma panorpoides ⑫ 舞彩胀蟌 Platycypha caligata ⑬ 金环大蜓 Cordulegaster boltonii

蜻蜓目——"Odonata"一词来自希腊语，意为牙齿。蜻蜓目的昆虫长着发达的上颚和具有锋利锯齿的下唇。该目包括6000余种，可以分为两大类：豆娘（束翅亚目）和蜻蜓（差翅亚目）。停歇时，豆娘将翅叠合竖立在背上，而蜻蜓的四翅则平展于身体两侧。蜻蜓是当之无愧的优秀猎手：体形较豆娘大；头部非常灵活，触角短小；视野极佳，视角几乎能达到360°；行动迅速敏捷，甚至可以倒着飞行。交配时，它们经常和伴侣"挂"在一起飞行，如胶似漆。雌虫将卵产在水里，在之后的1~5年中，这里将是稚虫①（水蛋）生长发育的场所。稚虫以水生昆虫、蝌蚪和小鱼为食。成年后，它们会取食苍蝇、蚊子、蝗虫、蝴蝶甚至其他蜻蜓。成虫的平均寿命约为5周。

黄蜻
Pantala flavescens

蜻蜓目 | 豆娘、蜻蜓

稚虫

黄蜻又称"环游世界的蜻蜓"。它们能够飞越大洋。这种远距离迁徙能力常见于海龟和鲸，对于昆虫来说是很不可思议的。每年都有成百上千只黄蜻跟随着季风雨的脚步，横跨印度洋，从印度北部迁徙到非洲东南部。抵达陆地的黄蜻利用临时的雨水坑来繁育后代。稚虫发育得特别快：它们在6周内就能完成羽化，从而免受季风期结束和水坑干涸带来的影响。新的成虫会继续踏上迁徙之路。这一旅行的往返路程约16000公里，平均需要4代蜻蜓接力完成。有些鸟类，如蓝胸佛法僧，会在同一时间乘着相同的风，以同样的飞行高度，沿着相同的路线迁移。它们的食物来源就是这些黄蜻。

①一般把有蛹期的昆虫（即完全变态类昆虫，如蛾、蝶、蚊、蜂等）的幼体称为幼虫，而把无蛹期的昆虫（即不完全变态类昆虫，如蝗虫、蟑螂等）的幼体称为若虫（水生若虫称为稚虫，如蜻蜓）。

展厅 2

⑤ 柠黄番蚁蛉 *Tomatares citrinus* ⑥ 斑翅丽蝶角蛉 *Libelloides macaronius* ⑦ 纹翅旌蛉 *Nemoptera sinuata* ⑧ 白丽蝶角蛉 *Libelloides lacteus* ⑨ 橙头点翅蚁蛉 *Callistoleon erythrocephalus*

① 绿螳蛉 *Zeugomantispa minuta* ② 褐蜂螳蛉 *Climaciella brunnea* ③ 纹翅溪蛉 *Porismus strigatus* ④ 勺翅澜旌蛉 *Chasmoptera hutti*

⑩ 白榧细蛉 *Nymphes myrmeleonoides* ⑪ 迎艳翅蚁蛉 *Glenurus gratus* ⑫ 纹昔蝶角蛉 *Puer maculatus* ⑬ 草蛉 *Chrysopa perla*

脉翅目昆虫大都不善飞行。它们有两对看起来几乎一模一样的翅，停歇时呈屋脊状置于背上。全世界已知约6000种，分为若干个科。这是一类看起来十分柔弱的昆虫，椭圆形的翅上有着肉眼可见的大翅室。它们活跃于黄昏和夜晚，会被灯光所吸引。脉翅目昆虫的前翅基部长有鼓膜器，这一器官可以帮助它们有效躲避主要天敌——蝙蝠。鼓膜器探测到蝙蝠发出的超声波，触发翅膀的条件反射，然后它们就会直直地落到地上，呈假死状态。脉翅目的成虫以花粉、花蜜和蚜虫的蜜露为食。雌虫在蚜虫聚集地附近的植物上产卵，幼虫绰号"蚜狮"，孵化后即可独立取食蚜虫。园丁会利用它们贪婪的胃口来拯救自己的花园。

丽斑须蚁蛉
Palpares libelluloides

幼虫

脉翅目 | 草蛉、蚁蛉、蝶角蛉、螳蛉、褐蛉……

蚁蛉和蜻蜓的不同之处，在于它们有着发达的棒状触角以及纵脉明显的翅膀。蚁蛉的幼虫——蚁狮生活在干燥的沙质土壤中。它的上颚很长，内部中空，末端弯曲锋利，顶端有一个小孔。蚁狮钟爱的猎物是蚂蚁。捕猎时，它会挖一个漏斗状的沙坑，然后藏身于坑底由唾液加固的地下室中，守株待兔。陡峭的沙坑内壁很不稳定，任何一只敢于进入的蚂蚁都会滑到底部，成为蚁狮的盘中餐。蚁狮用两个中空的上颚吸食猎物的体液，然后将其残体和崩落的沙子一起清理到沙坑外。

展厅 3

⑥ 油彩花锥头蝗 *Poekilocerus pictus* ⑦ 彩翅齿脊蝗 *Phymateus saxosus* ⑧ 紫翅巨蝗 *Titanacris albipes* ⑨ 疣盾螽 *Decticus verrucivorus* ⑩ 斑披甲螽 *Cosmoderus maculatus* ⑪ 拟伪枝螳 *Proscopia scabra* ⑫ 圭亚那蛛蟋 *Paraclodes guyanensis* ⑬ 棘色狷蒁螽 *Arachnoscelis feroxnotha* ⑭ 栽地衣露螽 *Markia hystrix* ⑮ 长面荒地蝗 *Truxalis grandis* ① 玻氏叶彩翅螽 *Typophyllum bolivari* ② 红胸彩蝗 *Opaon varicolor* ③ 马面球腹螳 *Plagiotriptus hippiscus* ④ 虹指黑蝗 *Dactylotum bicolor* ⑤ 孔雀螽 *Pterochroza ocellata*

直翅目昆虫已知约17000种，大致分为螽斯、蟋蟀和蝗虫三类。螽斯和蟋蟀有着细长的触角，很容易与蝗虫区分。它们二者则可以通过翅来分辨：螽斯的翅大多呈屋脊状置于背上；蟋蟀的翅则平铺在后背，一个覆在另一个上面。其实分辨它们最简单的一招是：绿色的肯定不是蟋蟀！螽斯可以跳25厘米高、1米远——相当于人类一跃300多米。螽斯和蟋蟀通过快速摩擦左右前翅来发出鸣声。会"唱歌"的是雄虫，它们通常用歌声来吸引雌虫或者向其他雄虫示威。这些昆虫通过位于前足胫节的鼓膜听器来感知声音。蝗虫的数量占了直翅目昆虫的一大半，它们的触角较为短粗，能通过跳跃、爬行以及不时的飞行来移动。蝗虫用后足股节摩擦前翅来发声，就像拉小提琴一样。

沙漠蝗
Schistocerca gregaria

直翅目 | 蠹斯、蝗虫、蟋蟀

沙漠蝗的体形和体色在散居时和群居时是不同的。散居的沙漠蝗过着十分隐秘的生活，但如果环境条件适宜——有充足的降水和食物，并且它们的数量超过一个临界值，沙漠蝗就会转而进入群居生活。这种习性会遗传给后代，并改变下一代的形态。两到三代或者两到三个月之后，这些昆虫就会积聚为令人闻风丧胆的蝗灾，蜂拥而至。还未生出翅的若虫在地面群集，而成虫则会形成一大团"乌云"。在索马里，一个沙漠蝗群估计有130亿只个体。这群蝗虫可以飞行数千公里。它们以沿途的植物为食，会毁坏大量庄稼。

展厅 4

⑥ 黄黑硕蠊 *Elliptorhina javanica*　⑦ 古铜真鳖蠊 *Eucorydia aena*　⑧ 灌丛橙姬蠊 *Ellipsidion humerale*　⑨ 二点荧光蠊 *Lucihormetica subcincta*　⑩ 六点斑蠊 *Therea regulars*　⑪ 米氏澳蜚蠊 *Polyzosteria mitchelli*

① 犀硕蠊 *Macropanesthia rhinoceros*　② 古巴绿蠊 *Panchlora nivea*　③ 白边红胸鳖蠊 *Pseudomops septentrionalis*　④ 家屋斑蠊 *Neostylopyga rhombifolia*　⑤ 白缘黑姬蠊 *Phyllodromica marginata*

⑫ 问号斑蠊蠊 *Therea olegrandjeani*　⑬ 斑马树蠊 *Eurycotis decipiens*　⑭ 抚苣菁辉蠊蠊 *Melyroidea magnifica*　⑮ 红翅蛞蠊 *Gyna centurio*　⑯ 橙斑巽他蜚蠊 *Sundablatta sexpunctata*

蟑螂（蜚蠊）比恐龙还要古老！化石证据表明它们已经存在了超过3.5亿年。全世界已知有近5000种蟑螂，它们大多只有指甲盖大小，但最大的体长可达9厘米。有的蟑螂腿脚灵便，可以在一秒内前进50倍自身体长的距离，相当于人类每秒移动90米左右；还有一些蟑螂能跳到48倍自身体长的高度。这些昆虫的生存能力特别强，可以一个月不吃东西，一个星期不喝水。它们能在水下待30分钟以上，即使头部与身体分离，也还能存活几个小时。蟑螂偏爱糖、蛋白质和淀粉类食物，但是它们也吃植物、塑料、头发、纸张和腐烂的物质，甚至自己的若虫和同类。总的来说，只有不到1%的已知蟑螂种类溜进了人类家庭，不过，它们可不怎么受欢迎。

西芒杜硕蠊
Simandoa Conserfariam

若虫

蜚蠊目 | 蟑螂

21世纪初发现的西芒杜硕蠊如今被认为已野外灭绝。这些昆虫曾经仅生存在几内亚西芒杜地区的一个洞穴中。它们以巨型果蝠的粪便为食，回收其中的营养物质。但是因为铝土矿（工业炼铝的主要原料）的开采，这个洞穴被破坏了。科学家对此前采集的西芒杜硕蠊进行人工饲养，现在它们适应得很好。人工繁殖保住了这一物种的血脉。西芒杜硕蠊身上闪烁着金属光泽，它们还有一种特别的习性：受到侵扰时，会发出类似老鼠那样的吱吱声。

展厅 5

⑥ 巨叶䗛 *Phyllium giganteum*　⑦ 心斑翰氏䗛 *Haaniella grayii*　⑧ 斑翅颅笛䗛 *Calvisia punctulata*

① 环纹鞭䗛 *Necroscia annulipes*　② 勿龅异翅䗛 *Epidares nolimetangere*　③ 旋背红翅䗛 *Achrioptera fallax*　④ 双蚊异邦䗛 *Anisomorpha buprestoides*　⑤ 圭氏拉翅䗛 *Lamponius guerini*

⑨ 珠冠巨刺䗛 *Extatosoma tiaratum*　⑩ 花翅笛䗛 *Diesbachia tamyris*　⑪ 金眼黑秘鲁拉䗛 *Peruphasma schultei*　⑫ 红食蕨笛䗛 *Oreophoetes peruana*　⑬ 红蚊巨笛䗛 *Megaphasma denticrus*

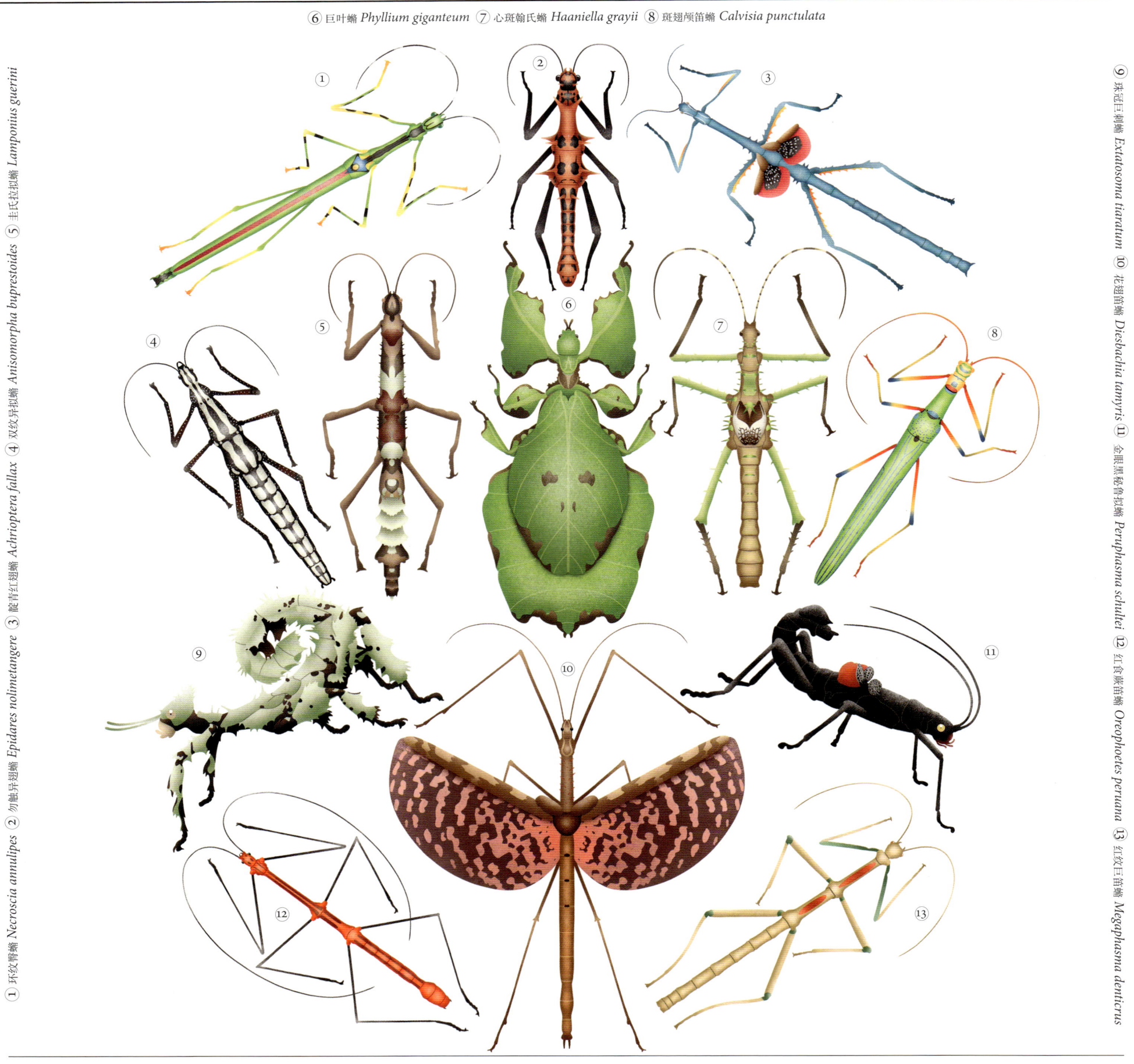

世界上有将近 3000 种䗛（竹节虫）。䗛的雄虫和雌虫的体形外貌往往相差很大，以至于只有在交配时才能确定它们属于同一物种。这些昆虫看起来很像植物，其中一些形似树枝的叫杆䗛，另外还有像叶子的叶䗛、像荆棘的棘䗛和像树皮的瘤䗛等等。已知体形最小的䗛只有 1.4 厘米长，而最大的于 2014 年在中国发现，加上触角全长达 62.4 厘米。䗛是植食性昆虫，位于食物链底端。天然的伪装可以帮它们躲避许多捕食者，比如鸟类、啮齿动物、螳螂、蚂蚁……它们的移动方式也是一种防御策略——行动缓慢、时动时停，乍看起来就像一根在风中摇曳的树枝。为了死里逃生，䗛有时会主动放弃一条腿。伴随着蜕皮，这条腿还会再长出来。如果感受到威胁，它们还会倒在地上一动不动地装死。这招屡试不爽，因为掉到地面上的䗛就很难找到了，而且捕食者更喜欢活蹦乱跳的猎物。

粉翅巨蟾
Podacanthus typhon

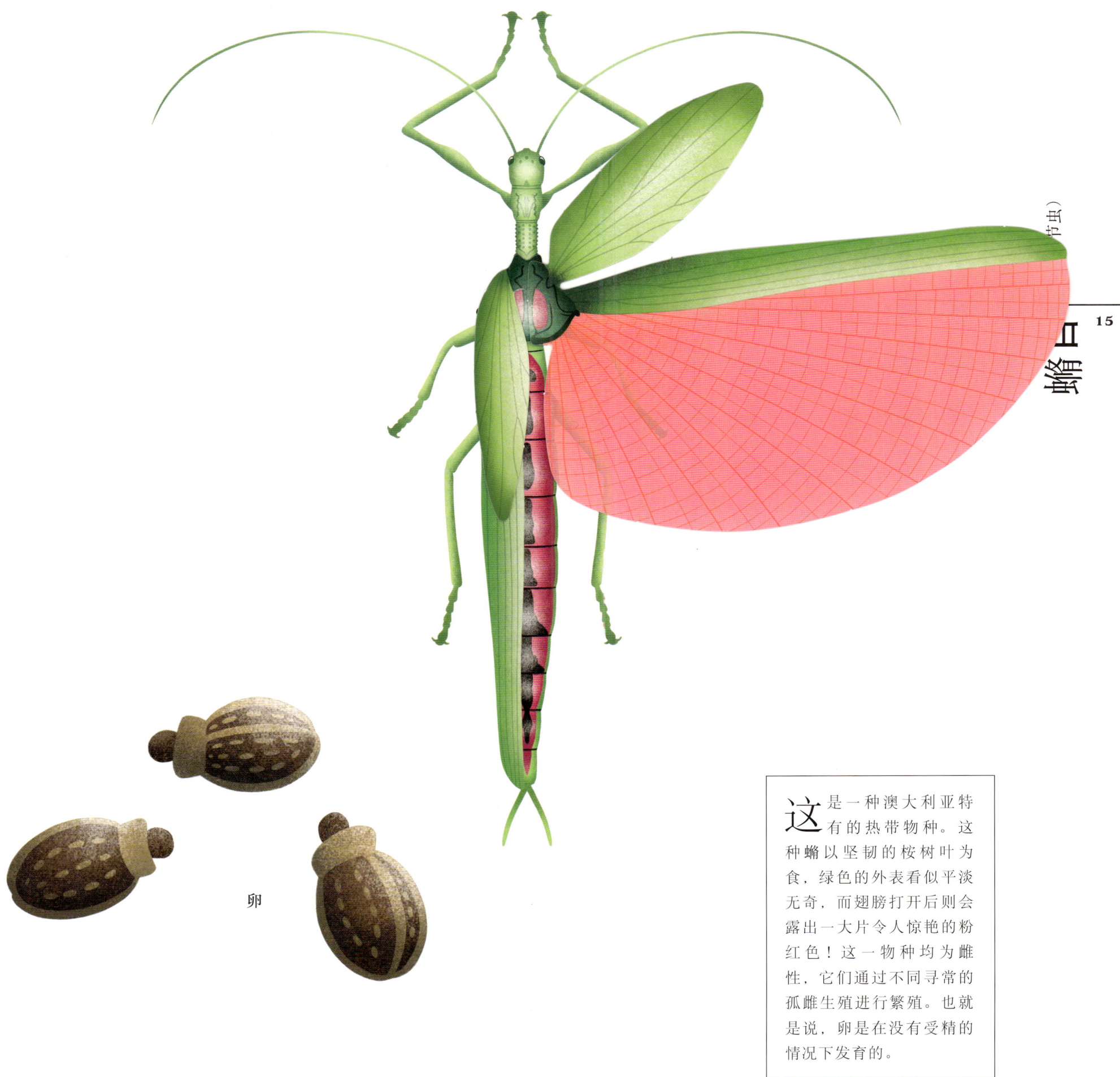

卵

这是一种澳大利亚特有的热带物种。这种蟾以坚韧的桉树叶为食，绿色的外表看似平淡无奇，而翅膀打开后则会露出一大片令人惊艳的粉红色！这一物种均为雌性，它们通过不同寻常的孤雌生殖进行繁殖。也就是说，卵是在没有受精的情况下发育的。

展厅 6

⑥ 华丽金螳 *Metallyticus splendidus* ⑦ 细透翅螳 *Tropidomantis tenera* ⑧ 六点翅黄拟花螳 *Parymenopus davisoni*

① 冕背叶螳 *Deroplatys trigonodera* ② 大独角螳 *Zoolea major* ③ 斯氏叶背螳 *Choeradodis stalii* ④ 斑光螳 *Miomantis binotata* ⑤ 大珊花螳 *Pseudocreobotra wahlbergi*

⑨ 侧纹幻锥螳 *Idolomorpha lateralis* ⑩ 紫锥头螳 *Empusa fasciata* ⑪ 幽灵花螳 *Phyllocrania paradoxa* ⑫ 魔花螳 *Idolomantis diabolica* ⑬ 苔藓螳 *Sibylla pretiosa*

螳 螂目已知约有2000种昆虫，分为15个科。螳螂的头部呈三角形，上面长有5只眼睛，其中一对特别大的是复眼，可以看向四面八方，甚至能够发现20米以外的猎物！它们的前足被称为"捕捉足"，上面长有发达的刺，在末端还有一个锋利又强壮的弯钩，能够稳稳地掐住猎物。一旦狩猎完成，这对前足就会折叠起来，将猎物夹在两排刺中间。螳螂甚至可以捕捉胡蜂等大型昆虫。捕猎时，大多数螳螂都会耐心地注视着猎物，包括棉铃虫、蟋蟀、蚤斯……伺机而动。假如螳螂受到惊吓，它们会立起身体左右摇摆，同时抬起前足，翅像扇子一样展开。这样的姿势使它们看起来更大、更具威慑力。螳螂有时会同类相食——雌螳螂在交配后甚至交配过程中就会吃掉自己的伴侣。它们将卵产在由腹部腺体产生的泡沫团中。泡沫会逐渐变硬，成为卵过冬的保护鞘。

冕花螳
Hymenopus coronatus

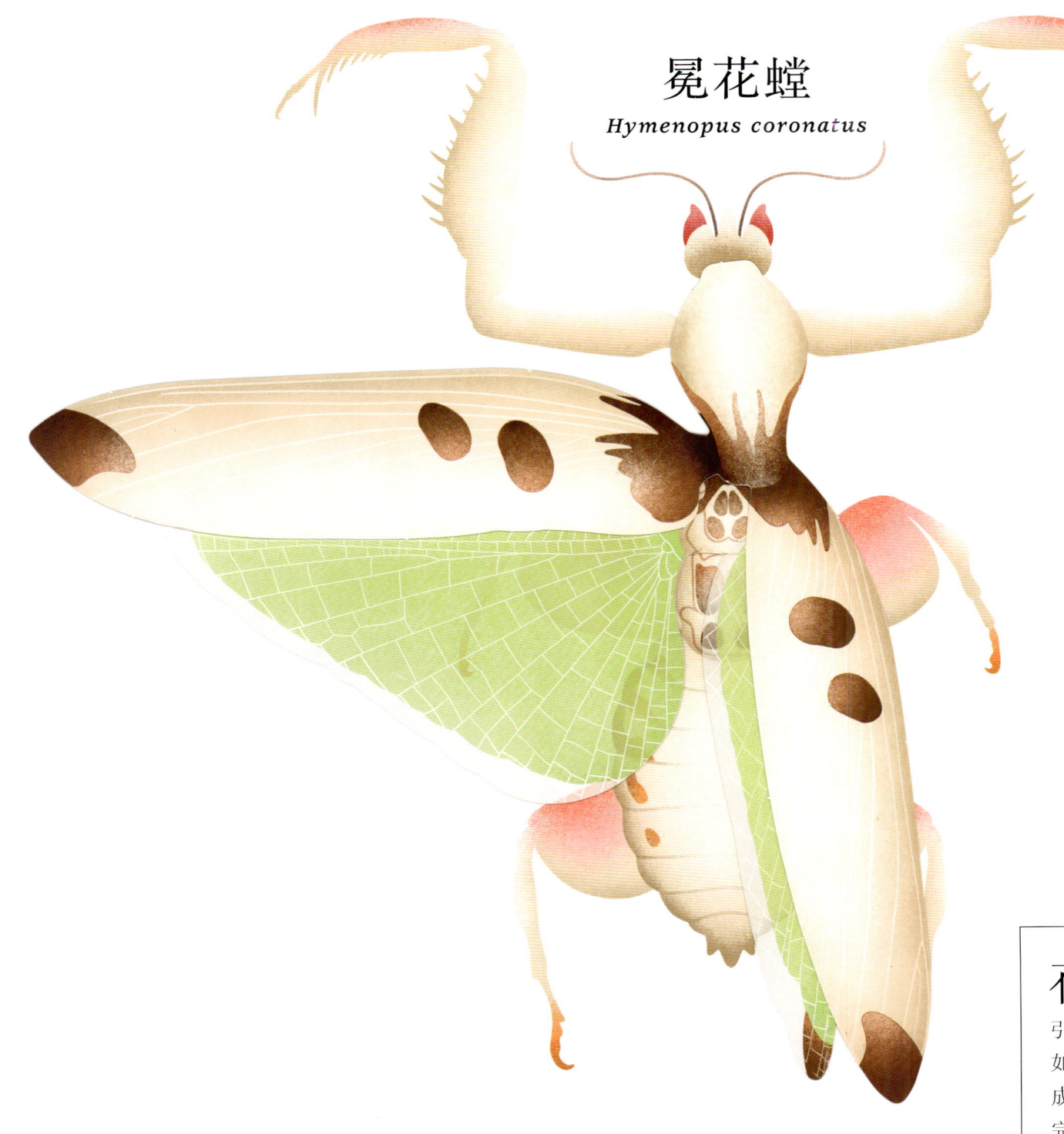

在东南亚的热带雨林中，冕花螳以花朵的形态来吸引猎物。它们的四条步行足宛如粉白相间的花瓣，可以伪装成兰花的模样。它们其实并不完全像任何一种兰花，只是颜色和许多同一环境中的野生植物相似，能够吸引很多访花昆虫。这些造访者毫无警惕地靠近，在飞行中就会被冕花螳抓住。很多动物都有拟态的本领，而其中只有极少数会利用与花的相似性来捕猎。有学者正在研究这种拟态是否可以保护冕花螳免被其天敌——鸟类或蜥蜴发现。

美洲蓝凤蝶
Battus philenor

幼虫

美洲蓝凤蝶的后翅长有尾突，"凤蝶"一名即由此而来。它们分布在北美、墨西哥和危地马拉。雌蝶只在藤本植物上产卵，特别是有着宽大心形叶子的加州马兜铃，孵化后的幼虫会立即开始进食。马兜铃的叶子含有一种毒素，唯独美洲蓝凤蝶的幼虫可以取食而免受伤害。摄取这种物质会让它们的身体产生难闻的味道，甚至会毒死捕食者。羽化后的成虫依然有毒。一些无害的蝶类会通过模拟它们的外观来保护自己。

展厅 8

⑦ 凯撒优天蚕蛾 *Eubergia caisa*　⑧ 豹蜂蛾 *Horama panthalon*　⑨ 赭带鬼脸天蛾 *Acherontia atropos*　⑩ 星点鹿蛾 *Syntomeida epilais*

⑪ 豹尺蛾 *Dysphania militaris*　⑫ 乌桕大蚕蛾 *Attacus atlas*　⑬ 月尾天蚕蛾 *Actias luna*　⑭ 夹竹桃天蛾 *Daphnis nerii*　⑮ 伊莎贝拉蛾 *Graellsia isabellae*　⑯ 红天蛾 *Deilephila elpenor*

① 美丽灯蛾 *Utetheisa ornatrix*　② 血图饰纹夜蛾 *Mazuca haemagrapha*　③ 豹灯蛾 *Arctia caja*　④ 丑腔黑带灯蛾 *Idalus herois*　⑤ 多氏尺蛾 *Callhistia dohertyi*　⑥ 红裙虎灯蛾 *Euplagia quadripunctaria*

蛾类多在夜间活动，停歇时翅一般向两侧摊平或呈屋脊状置于背上。它们的触角因种而异，有羽状、栉状和丝状等。雄蛾的触角更为发达。有些种类的喙管退化。喙管退化的成虫要么咀嚼一些花粉颗粒，要么就完全不进食，不进食的成虫只能存活几天，也就是繁殖的那几天。蛾类的数量远多于蝶类，在帮助植物授粉方面发挥着重要的作用。然而，近年来蛾类数量明显下降，这主要归因于夜间人工照明的增加。事实上，雄蛾为了繁殖会跨越万里寻找雌蛾，一些蛾类也会四处飞行寻找食物或迁徙。夜晚的灯光对于它们来说是致命的陷阱：被灯光吸引的昆虫往往无法自拔，最后死于飞行疲惫。

彗星长尾天蚕蛾
Argema mittrei

彗星长尾天蚕蛾是世界上最大的蛾类之一。成虫不进食，寿命只有 6 到 8 天，其间会尽快繁殖。雌蛾羽化后会待在茧上，雄蛾则会主动来寻找它们。雄蛾体形较小却有着较大的羽状触角，这种夸张的触角可不只是用来展示炫耀的，它们能探测到数公里之外的雌蛾。一些研究表明，它们可以用后翅修长的尾突避开其主要天敌——蝙蝠的攻击。尾突能够干扰蝙蝠的回声定位系统，被"忽悠"的蝙蝠会攻击尾突，这可是彗星长尾天蚕蛾最不易受伤的部位。

丝茧
毛虫会编织一个巨大的银色丝茧，上面布满了用来排水的小孔，以适应热带地区多雨的气候。

鳞翅目 — 蛾

展厅 9

⑥ 粉翅拟叶蛾 *Phyllodes imperialis* ⑦ 鞍背刺蛾 *Sibine stimulea* ⑧ 双尾蛱蝶 *Polyura pyrrhus* ⑨ 惜古比天蚕蛾 *Hyalophora cecropia* ⑩ 胡桃角蠋蛾 *Citheronia regalis*

① 棕榈刺蛾 *Euclea delphinii* ② 黑脉金斑蝶 *Danaus plexippus* ③ 枯球箩纹蛾 *Brahmaea wallichii* ④ 黄褐箩纹蛾 *Brahmaea certhia* ⑤ 黄斑木纹天蛾 *Coelonia fulvinotata*

⑪ 红点天蚕蛾 *Bunaea alcinoe* ⑫ 白带黑天蚕蛾 *Eupackardia calleta* ⑬ 大戟白眉天蛾 *Hyles euphorbiae* ⑭ 大灰天蛾 *Pseudosphinx tetrio* ⑮ 刺美尺蚕蛾 *Automeris metzli*

毛虫身体前部有三对足，腹部还有一些伪足（腹足）。这些像吸盘一样的肉质突起通常有 10 个左右，可以帮助它们爬行。头部两侧各有六只小眼睛，排成半圆形，用来区分明暗。大多数情况下，毛虫出生后会将其富含蛋白质的卵壳吃掉。它们的生长过程会持续 2 周到数月，取决于是否冬眠，其间会蜕皮 4 次或 5 次，颜色也会发生改变。最后一次蜕皮标志着蛹期的到来。化蛹前，一些种类的毛虫会吐丝作茧将自己包裹起来，很多蝶类毛虫则用丝将自己绑到一个支撑物上。也有的毛虫只是把自己浅浅地埋在土里，或者象征性地吐点丝。生长期的毛虫会努力获取足够的食物，以便维持化蛹和羽化过程的消耗。营养不良的毛虫可以长到成年，但无法产卵。

暗灰杆蓑蛾
Canephora unicolor/hirsuta

蓑蛾毛虫

蓑蛾科的毛虫会为自己建造保护鞘，这个鞘是它用自己吐的丝将小树枝、砂子和小石头粘在一起做成的。毛虫不断往上添加新的碎屑，所以保护鞘会随着毛虫一起"长大"。不同种毛虫的保护鞘有着不同的形状、尺寸和组成成分。想要移动的毛虫只需将头和腹部第一节伸出来，然后依靠强有力的胸足前进。休息的时候，它们将自己挂在树枝或者其他支撑物上。毛虫在保护鞘中化蛹。羽化后的成虫如果是雄性就会飞走，它会寻找一只从不离开保护鞘的雌性进行交配。产卵之后的雌性会死去，而它的保护鞘则继续保护着卵。初生的毛虫会收集新的碎屑来建造属于它们自己的保护鞘。

展厅 10

⑥ 雨兆花蝇 *Anthomyia pluvialis* ⑦ 铃绿水虻 *Hedriodiscus truquii* ⑧ 截斑悲蜂虻 *Hemipenthes curta* ⑨ 黄绒倒钩食虫虻 *Pogonosoma maroccanum* ⑩ 东方平大蚊 *Pedicia albivitta* ⑪ 白胨青斑水虻 *Raphiocera armata* ⑫ 丝光绿蝇 *Lucilia sericata* ⑬ 蓝蓝蚊蚊 *Sabethes cyaneus* ⑭ 白纹伊蚊 *Aedes albopictus* ⑮ 瓜实蝇 *Bactrocera cucurbitae*

① 橙足食虫虻 *Dioctria oelandica* ② 黑胸奇䗛大蚊 *Tanyptera atrata* ③ 黄环短柄大蚊 *Nephrotoma crocata* ④ 蛟大蚊 *Tipula maxima* ⑤ 红头丁口蝇 *Bromophila caffra*

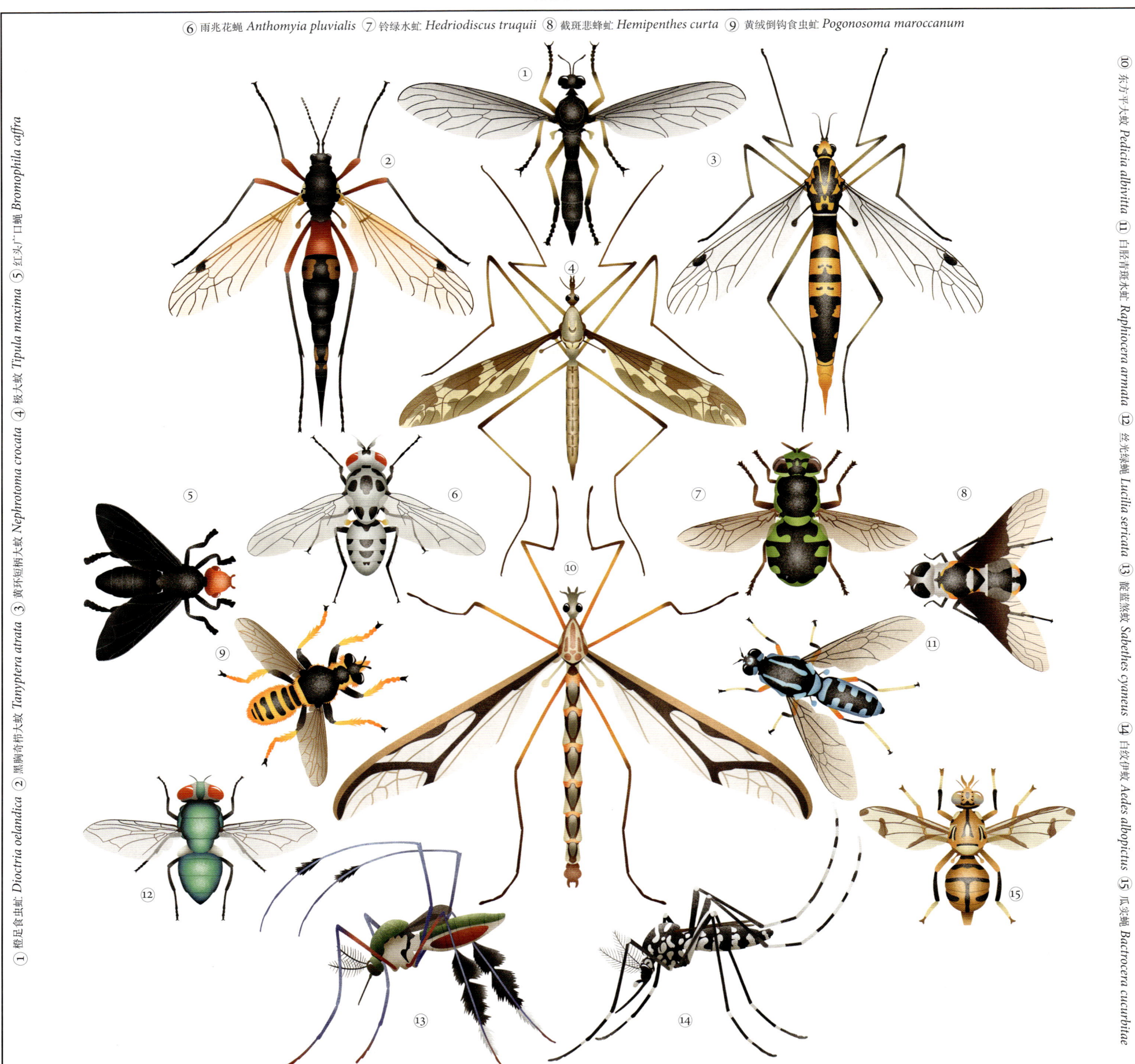

双翅目昆虫仅有一对翅，口器呈管状。进食的时候，蝇类用这种口器舐吸液体。它们的足会分泌一种黏性物质，使之能够停留在天花板或墙壁上。蝇类时不时摩擦足，是为了保持足部味觉感受器的灵敏，这些味觉感受器比人类的舌头要灵敏1000万倍。雄蚊不吸血，主要以花蜜为食。未交配的雌蚊也不会吸血，一旦它们准备产卵了，为了获得蛋白质以滋养受精卵，雌蚊便会用口器吸食脊椎动物的血液。蚊子大都喜欢在夜间活动，这取决于具体的种类，也不是所有的蚊子都会叮咬人类。叮咬会引起瘙痒，这是因为蚊子在叮咬前会向受害者皮肤中注入唾液，唾液里有抗凝血的物质，可以防止血液在口器中凝结。而小小的炎症——蚊子包，就是我们身体的免疫系统对这种物质作出的反应。

白点泰突眼蝇
Teleopsis pallifacies

双翅目 | 蚊、蝇、虻、蚋……

突眼蝇从幼虫期向成虫期过渡时，也就是刚从蛹中钻出后，会大口吸入空气。空气首先在它们的头部形成气泡，然后进入眼柄。眼柄就像充气中的气球一样，逐渐变长。当眼柄达到合适的长度时，突眼蝇会在阳光下晾晒数小时，直至表皮硬化。这种奇怪的眼柄并不能改善它们的视力，甚至会使视觉反应变得迟钝。夜晚，雄性突眼蝇聚集在一起，同时摆出示威的姿势。然而并不会有激烈的搏斗发生，它们之间只会比较眼柄的长短。有着较长眼柄的突眼蝇会更容易吸引异性，拥有的后代也就更多。

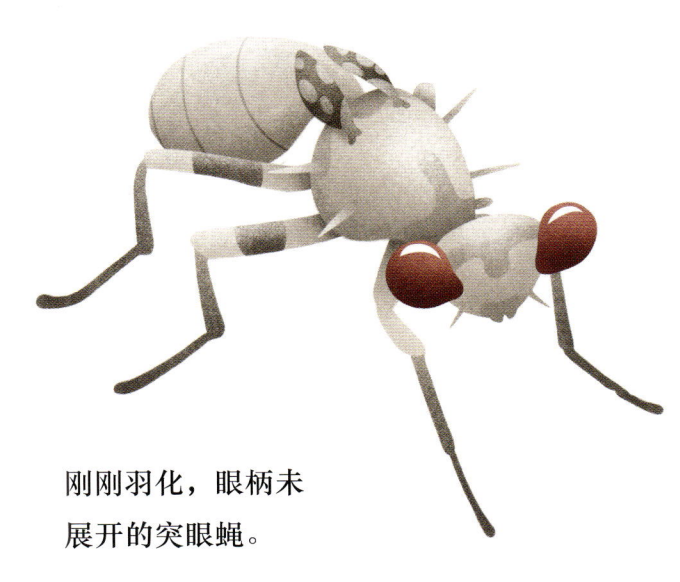

刚刚羽化，眼柄未展开的突眼蝇。

展厅 11

⑦ 青襟油蝉 *Tacua speciosa* ⑧ 弧新月角蝉 *Cladonota apicalis* ⑨ 斯氏棘角蝉 *Umbonia spinosa* ⑩ 中美翠蝉 *Zammara smaragdina* ⑪ 朱背黑角蝉 *Enchophyllum cruentatum*

① 黄缘窗翅叶蝉 *Baleja serratula* ② 夹竹桃蚜 *Aphis nerii* ③ 图鹏美叶蝉 *Agrosoma cruciata* ④ 红带雕叶蝉 *Graphocephala coccinea* ⑤ 麦长管蚜 *Sitobion avenae* ⑥ 瘤新月角蝉 *Cladonota affinis*

⑫ 红眼沫蝉 *Cercopis vulnerata* ⑬ 黄带膜冠角蝉 *Membracis bucktoni* ⑭ 秘鲁红大叶蝉 *Ladoffa dependens* ⑮ 墨西哥膜冠角蝉 *Membracis mexicana* ⑯ 龙眼鸡 *Pyrops candelaria* ⑰ 伞柄角蝉 *Umbelligerus peruviensis*

原先的同翅目，现已归入半翅目。传统的同翅目昆虫约有 4.5 万种，主要分为两大类：一类是头喙亚目，包括蝉和叶蝉等；另一类是胸喙亚目，包括蚜虫、粉虱、粉蚧等。在这两个类群中，有前翅的成员具备一个共同的特征：前翅从基部到端部质地相同，或为革质，或为膜质。停歇时，它们的翅呈屋脊状置于背上。通常，这些昆虫都在植物上缓慢地移动，但它们其实非常擅长跳跃和飞行。为了吸引雌性，大部分雄性都长有振动发声器官，可以发出非常尖锐甚至超出人耳听力范围的高频声波。这些昆虫多以植物的汁液为食，为了获取生长发育所需的营养，它们会消耗掉大量食物。其中一些种类会对植物造成危害，例如蚜虫和粉虱，它们是农作物的大敌。

十七年蝉
Magicicada septendecim

这是一种生活在美国东北部的蝉,其若虫会在地下生活17年之久,其间以树根的汁液为食。到了五月份,当气温达到17℃时,这些若虫会钻出地面并爬到树上羽化,它们同时羽化的景象相当壮观。每平方米能有1000到2000只蝉,齐刷刷的鸣声简直震耳欲聋。2013年的那次爆发羽化出了300多亿只蝉,仅纽约就有10亿只!这些蝉在夏末结束生命,而在此之前,它们会完成交配。每只雌蝉都会在树枝上钻出小洞,产下400到500颗卵。秋天,孵化出来的若虫会掉落地面并钻入土中。这种大规模爆发使该物种得以延续:当它们破土而出时,若虫和成虫的数量如此之多,以至于没有足够的捕食者能将其全部吃掉。

若虫

展厅 12

⑦ 亚马逊足啄缘蝽 *Diactor bilineatus* ⑧ 宽铁同蝽 *Acanthosoma labiduroides* ⑨ 始红蝽 *Pyrrhocoris apterus* ⑩ 卷心菜斑色蝽 *Murgantia histrionica*

① 微亮鼋蝽 *Trepobates subnitidus* ② 犁红长蝽 *Melanopleurus belfragei* ③ 虹盾蝽 *Calidea dregii* ④ 斑腹新鞘盲蝽 *Neocapsus fasciativentris* ⑤ 纤丽绵红蝽 *Dysdercus concinnus* ⑥ 红缘埃蝽 *Edessa rufomarginata*

⑪ 棉花斑盾蝽 *Tectocoris diophthalmus* ⑫ 荔蝽 *Tessaratoma papillosa* ⑬ 油茶宽盾蝽 *Poecilocoris latus* ⑭ 散点盾蝽 *Pachycoris torridus* ⑮ 意大利条蝽 *Graphosoma italicum* ⑯ 毕加索盾蝽 *Sphaerocoris annulus*

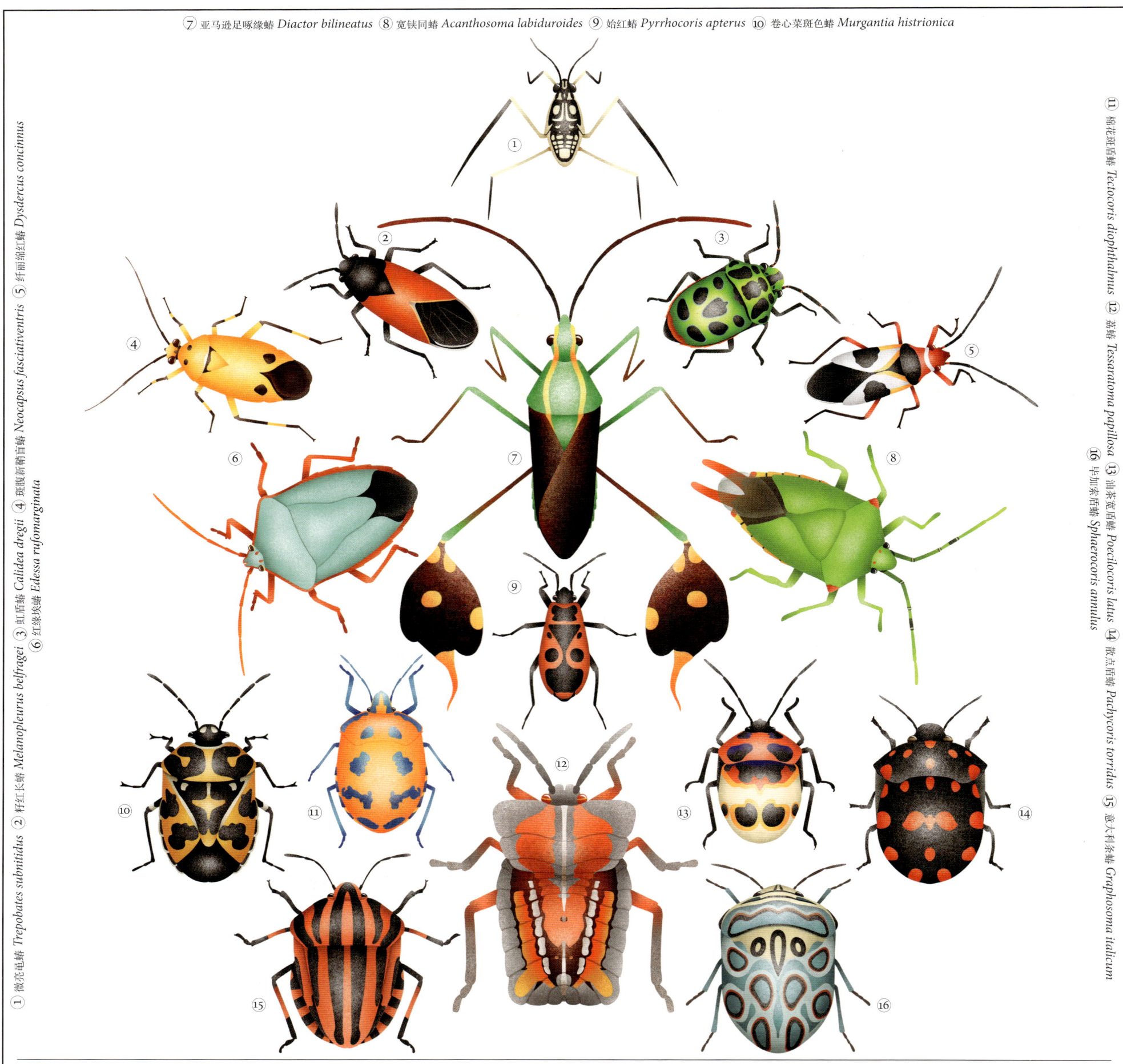

半翅目异翅亚目昆虫已知有42000多种，它们的前翅质地不均：基半部为革质，端半部膜质。异翅亚目昆虫的另一大特征是具有气味腺。在遇到威胁时气味腺会分泌出一种物质，该物质的气味能够驱赶捕食者。这些分泌物并不总是很难闻：在东南亚，一些蝽类的分泌物还会被用作调味香料。某些种类的雌蝽有护卵行为，以抵御寄生蜂的偷袭，甚至在若虫孵化之后也不会轻易离开。最近一项研究表明，有两种蝽的卵是由雄性孵化的，这在昆虫中很不寻常。红蝽是欧洲分布最广的蝽之一，红黑相间的外表足以让捕食者退避三舍。不同种类的红蝽外观不尽相同：在高温环境中活动的时间越长，黑色的部分就越大。

印度田鳖
Lethocerus indicus

这种水生昆虫前足末端呈镰刀状，腹部末端有附肢，看起来很像蝎子，因此也被称为"水蝎子"。它们腹部末端的附肢其实是呼吸管，潜水时露出水面进行呼吸。印度田鳖是一种原产于东南亚的巨型昆虫。令人惊讶的是，这类昆虫由雄性负责孵卵，它们背负着几十颗卵，直至孵化。根据日本的一项研究，这种行为可以增加其交配的机会。事实确实如此，大多数雌性田鳖更倾向于和背着卵的雄性田鳖交配，而背着大约10颗来自不同雌性的卵的田鳖似乎是最受欢迎的。

卵

雄性田鳖负卵前行。

展厅 13

⑦ 西方毛蚁蜂 Rhogogaster viridis ⑧ 鸽扁足树蜂 Tremex columba ⑨ 射褶翅蜂 Gasteruption jaculator ⑩ 黑长腹细蜂 Pelecinus dichrous

① 黄胸锥腹蜾蠃 Delta pyriforme ② 黑真棘腹胡蜂 Eustenogaster nigra ③ 扁头泥蜂 Ampulex compressa ④ 赫氏钩切叶蚁 Cataulacus huberi ⑤ 斯氏双颈蚁蜂 Hoplomutilla spinosa ⑥ 西方毛蚁蜂 Dasymutilla occidentalis

⑪ 端标蚁小蜂 Kapala terminalis ⑫ 金环胡蜂 Vespa mandarinia ⑬ 欧洲熊蜂 Bombus terrestris ⑭ 红尾青蜂 Chrysis ignita ⑮ 悦目卡诺小蜂 Conura amoena ⑯ 凹盾斑蜂 Thyreus nitidulus

膜翅目在昆虫家族中举足轻重，目前已有大约 20 万种被描述和命名。大多数种类是寄生其他生物的寄生昆虫，往往体形很小，鲜为人知。寄生蜂的尾部长有产卵器，可以将卵产在其他昆虫体内。一些膜翅目昆虫具有螯针，用于捕猎或自卫。胡蜂、蜜蜂和蚂蚁的螯针便是用来自卫的，它们中有很多社会性物种，行为多样且复杂。一个蜂巢可以容纳 5 万多只蜜蜂，每只都有明确的任务分工，并一心一意服务集体。蜜蜂的幼虫期大约 20 天，随后是 20 天的巢内工作期，接着又出巢工作 20 天左右，直至死亡。蜂后能活 3 到 4 年，平均每天产 2000 粒卵。蜜蜂在采蜜的过程中将花粉从一株植物带至另一株植物，使植物的精子和卵细胞可以相遇，这就是种子和果实诞生的序曲。

长针马尾姬蜂
Megarhyssa macrurus

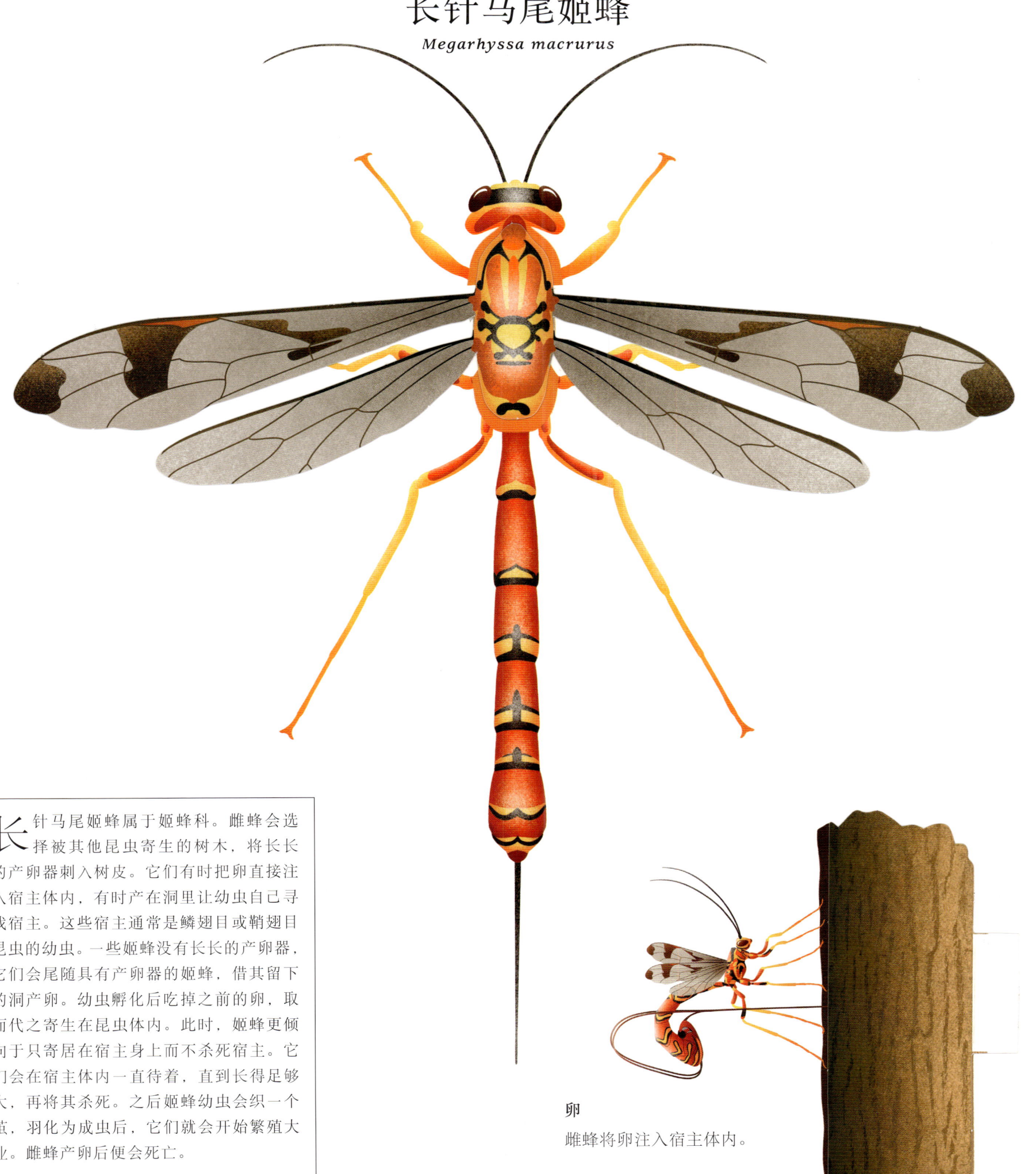

长针马尾姬蜂属于姬蜂科。雌蜂会选择被其他昆虫寄生的树木，将长长的产卵器刺入树皮。它们有时把卵直接注入宿主体内，有时产在洞里让幼虫自己寻找宿主。这些宿主通常是鳞翅目或鞘翅目昆虫的幼虫。一些姬蜂没有长长的产卵器，它们会尾随具有产卵器的姬蜂，借其留下的洞产卵。幼虫孵化后吃掉之前的卵，取而代之寄生在昆虫体内。此时，姬蜂更倾向于只寄居在宿主身上而不杀死宿主。它们会在宿主体内一直待着，直到长得足够大，再将其杀死。之后姬蜂幼虫会织一个茧，羽化为成虫后，它们就会开始繁殖大业。雌蜂产卵后便会死亡。

卵
雌蜂将卵注入宿主体内。

膜翅目 | 蜜蜂、胡蜂、蚁……

展厅 14

⑦ 罗伊娜叶甲 *Calligrapha rowena* ⑧ 疣叶甲 *Calligrapha verrucosa* ⑨ 宝石耀丽金龟 *Chrysina gloriosa* ⑩ 彩虹长臂天牛 *Acrocinus longimanus*

① 双斑暗龟甲 *Agenysa caedemadens* ② 黑髭角天牛 *Cosmisoma speculiferum* ③ 须角莓天牛 *Batus barbicornis* ④ 黄带华丽吉丁 *Calodema ribbei ribbei*
⑤ 土瓜长角花金龟 *Mecynorhina torquata immaculicollis* ⑥ 槐巨虎天牛 *Megacyllene robiniae*

⑪ 妩炎脾甲 *Necrophila formosa* ⑫ 多色鳅脾甲 *Odontolabis versicolor* ⑬ 朝甲蛱额卷象 *Euops armatipennis* ⑭ 长颈卷象 *Trachelophorus giraffa*
⑮ 长颈鸡脸甲 *Mouhotia gloriosa planipennis* ⑯ 华氏鸣胫天牛 *Choeromorpha wallacei*

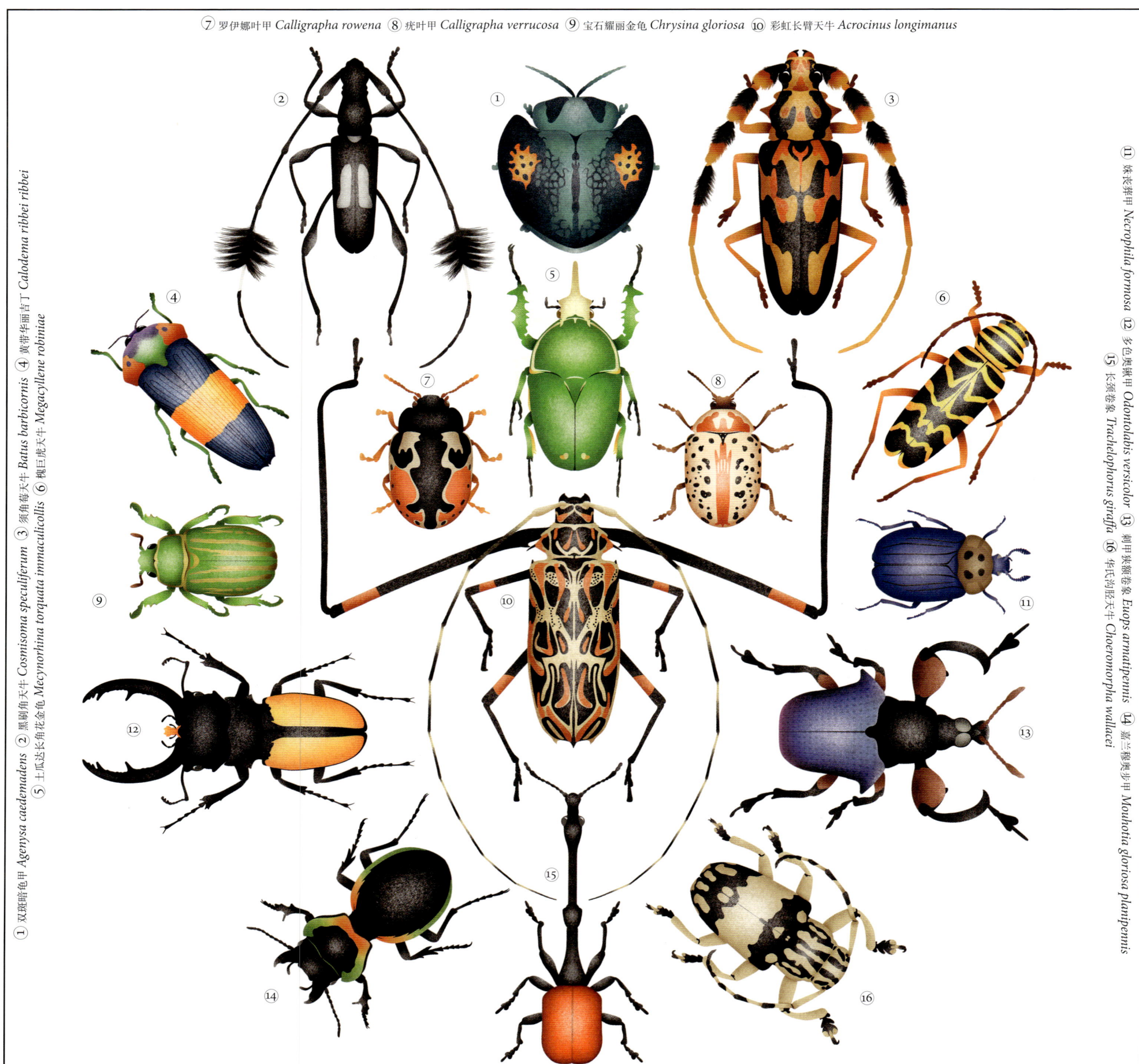

鞘翅目通称甲虫，甲虫家族大约有38万种！全世界已知四分之一的动物都云集在这一目中。如此惊人的数字反映着甲虫几乎无穷无尽的形态、色彩和习性，难怪会有那么多的昆虫学家和昆虫爱好者热衷于甲虫研究。甲虫有的会飞，有的不会；它们的食性也非常广泛，有肉食性、植食性、滤食性、腐食性，甚至粪食性等等。甲虫适应了所有自然生境，几乎分布于陆地的各个角落。不同甲虫种类食性不同，其中有些会危害农作物或者储粮。例如，科罗拉多州的马铃薯叶甲会严重破坏马铃薯田；谷象则会侵蚀储藏的小麦。不过也有很多甲虫是益虫，比如著名的蚜虫杀手——七星瓢虫。

中华虎甲日本亚种
Cicindela chinensis japonica

幼虫

鞘翅目 | 金龟、瓢虫、锹甲、叶甲、象甲、天牛、萤火虫……

33

按体长比例计算，虎甲堪称世界上奔跑速度最快的动物。生物学家曾记录它的速度能达到 2.4 米 / 秒，是其体长的 120 倍。对于一个身高 1.7 米的人来说，这相当于以 204 米 / 秒的速度狂奔。猛烈的加速意味着它们需要消耗大量的能量。虎甲的眼睛虽然大大的且具有极佳的适应性，但在高速移动时视野仍会变得模糊。所以在捕猎时，它们不得不停下几十毫秒，以便看清周围的环境。虎甲的触角弥补了这一视觉缺陷——它们能用触角来探测身边是否存在障碍物。

展厅 15

⑦ 红缘点花金龟 Aphelorrhina bella bella　⑧ 黄迹黑锯天牛 Calocomus desmaresti conjunctus　⑨ 秘鲁圆天牛 Cyclopeplus peruvianus　⑩ 青纹星天牛 Anoplophora medembachi
⑪ 缅甸星天牛 Anoplophora birmanica

① 黄粉鹿花金龟 Dicranocephalus wallichi　② 点胸厚天牛 Pachyteria equestris　③ 网纹球背象 Pachyrhynchus reticulatus　④ 铁甲 Zophernus nodulosus haldemani　⑤ 双脚园丁象 Gymnopholus weiskei　⑥ 悦目丽鸫胸天牛 Sternotomis amabilis

⑫ 双叉盗螈螂 Eucranium furciferum　⑬ 舍氏突花金龟 Heterorrhina schadenbergi　⑭ 琴步甲 Mormolyce phyllodes　⑮ 鬼脸金花金龟 Pachnoda aemula　⑯ 横带瓢虫 Coccinella trifasciata　⑰ 七星瓢虫 Coccinella septempunctata

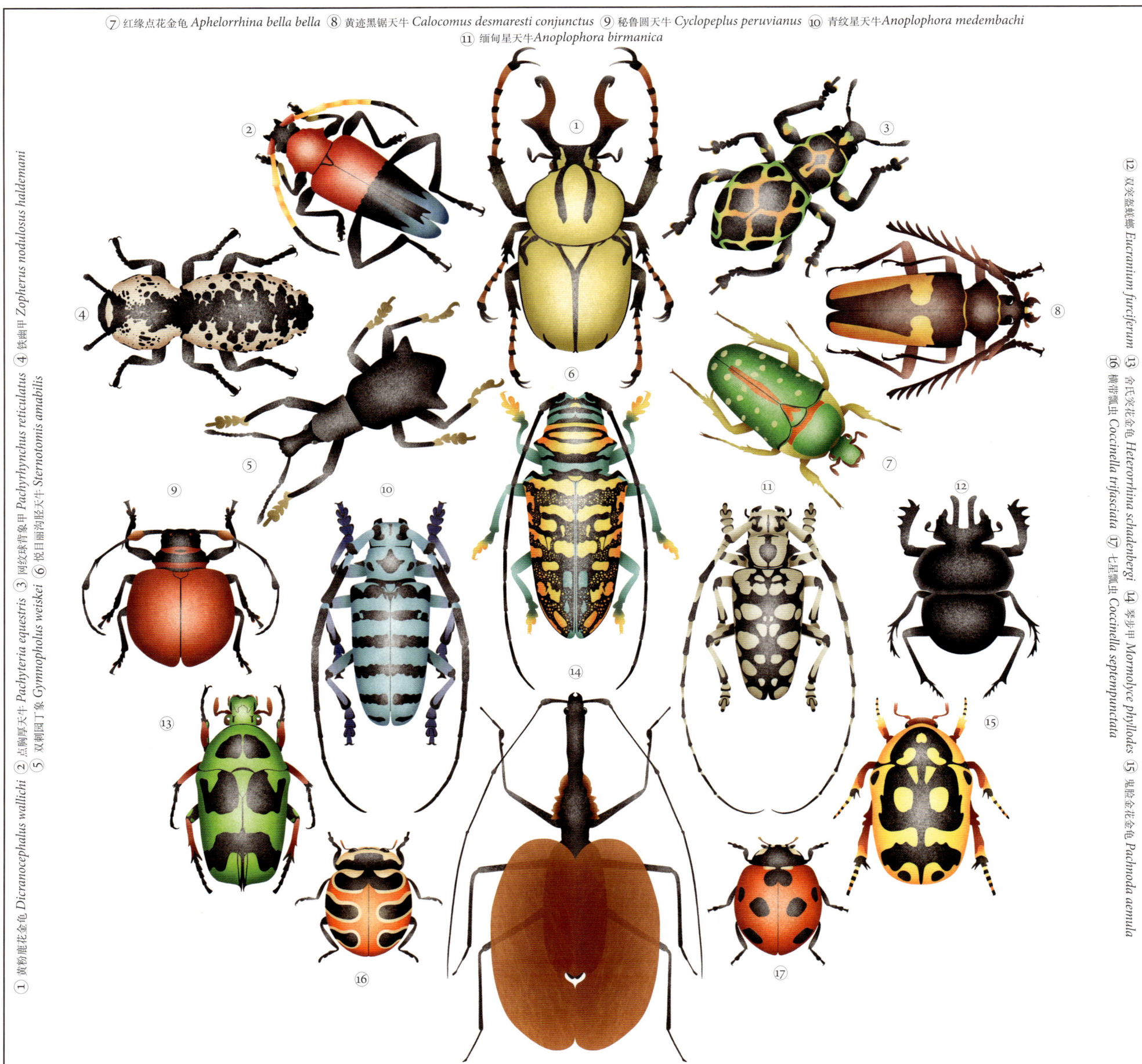

鞘翅目昆虫和许多其他昆虫一样有两对翅，但较大的前翅却并非用于飞行。这对非常坚硬的鞘翅是它们用来保护身体的"铠甲"。负责飞行的后翅一般藏在鞘翅下，因此它们称不上是飞行高手。幼虫的形态因种类而异，幼虫与成虫的样貌也总是大相径庭。卷象用叶子做巢产卵，它将叶子螺旋缠绕成雪茄的形状。卷象会给葡萄园和榛子种植园造成严重破坏。粪食性甲虫对于粪便的种类也有特定的偏好。有一种甲虫只对鹿的粪便感兴趣，有一种则衷情于人类粪便，还有一种只喜欢老虎的粪便。有些人会把昆虫当成美食，这种现象多见于亚洲和非洲。人们吃掉的鞘翅目昆虫比其他任何种类的昆虫都要多。被食用的甲虫多为幼虫。

北美彩虹蜣螂
Phanaeus vindex

鞘翅目 | 金龟、瓢虫、锹甲、叶甲、象甲、天牛、萤火虫……

35

彩虹蜣螂是一种小型蜣螂,生活在美国北部。雄虫头上长有一对黑色的角突。雌雄通常一起在食草动物的粪便下挖洞,然后用后足将粪便滚成梨形的粪球,再用头将粪球推到洞里。雌虫在粪球上产卵,孵化后的幼虫以粪便为食,直到化蛹。和其他蜣螂一样,彩虹蜣螂也是人类的盟友,它们在处理环境中的粪便、抑制病菌传播等方面发挥着重要的作用。

食粪甲虫
它将粪便滚成了球状。

目前人类已知的昆虫有100多万种，均用拉丁文命名，并基于亲缘关系，按目、科、属、种来分类，以构筑物种的完整谱系。例如，薄翅螳螂的学名是"*Mantis religiosa*"，它由两部分组成：属名（*Mantis*）和种加词（*religiosa*）。因此，薄翅螳螂属于螳螂属，螳螂属与其他相近的属构成螳螂科（Mantidae），这一科和其他相近的科构成螳螂目（Mantodea），该目和其他目昆虫共同构成昆虫纲。昆虫纲和蛛形纲、甲壳纲以及多足纲同属于节肢动物门。这种分类方式使我们得以从地球上数百万种生物中准确定位其中的一种。拉丁语的学名非常易于理解，"*Mantis religiosa*"就是这一种类的科学命名，尽管它在不同国家或地区有着不同的称谓：prie-Dieu, santateresa, mamboretá, marisorgin, Gottesanbeterin, bidsprinkhaan, Rukoilijasirkat, modliszka zwyczajna……

塞德里克·奥迪贝尔

感谢塞德里克·奥迪贝尔先生的专业知识和宝贵意见。

感谢河北师范大学动物学副教授吕亮老师的精心审校。

图书在版编目（CIP）数据

虫儿飞：指尖上的昆虫博物馆 /（法）克拉拉·科尔曼著绘；苏靓，徐强译. — 北京：海豚出版社，2021.10（2025.1重印）
ISBN 978-7-5110-5740-2

Ⅰ. ①虫… Ⅱ. ①克… ②苏… ③徐… Ⅲ. ①昆虫－普及读物 Ⅳ. ① Q96-49

中国版本图书馆 CIP 数据核字 (2021) 第 157792 号

La face cachée des insectes
Clara Corman, La face cachée des insectes, © Amaterra, 2018
Simplified Chinese language Edition arranged through Ye-ZHANG Acency.
Simplified Chinese translation copyright © 2021 by TB Publishing Limited.
All rights reserved.

版权登记号：01-2021-3752

出 版 人：王 磊
项目策划：奇想国童书
责任编辑：张国良　胡瑞芯
特约编辑：李 辉
装帧设计：田丽丹　李燕萍
责任印制：于浩杰　蔡 丽
法律顾问：中咨律师事务所　殷 斌 律师
出　版　社：海豚出版社
社　　　址：北京市西城区百万庄大街24号　邮编：100037
电　　　话：010-68996147（总编室）010-64049180转805（销售）
传　　　真：010-68996147
印　　　刷：深圳市福圣印刷有限公司
经　　　销：全国新华书店及各大网络书店
开　　　本：8开（710mm×1194mm）
印　　　张：5.5
字　　　数：80千
版　　　次：2021年10月第1版　2025年1月第4次印刷
标准书号：ISBN 978-7-5110-5740-2
定　　　价：148.00元

版权所有　侵权必究